PATRICIA GABRIELA PARRA HERNANDEZ

DESARROLLO SUSTENTABLE

Utilizando métodos científicos y herramientas de investigación, los expertos ambientales estudian los procesos naturales y humanos para **identificar los impactos negativos en el medio ambiente y proponer soluciones sostenibles.**

El lado holístico de las ciencias ambientales

Al estar conectadas con otras disciplinas y áreas de estudio, las **ciencias ambientales** ayudan a comprender la complejidad de los problemas y abordarlos desde múltiples ángulos.

Por ejemplo, la ecología proporciona los fundamentos para comprender las interacciones entre los organismos y su entorno, mientras que la química y la geología brindan conocimientos sobre los procesos naturales y la composición de los ecosistemas.

La sociología y la economía, por su parte, analizan los aspectos sociales y económicos de la relación entre la sociedad y el medio ambiente.

A su vez, las **ciencias ambientales** se relacionan estrechamente con la ingeniería ambiental, la gestión de recursos naturales, la planificación urbana, la política ambiental y otras disciplinas que se centran en la conservación y el uso sostenible de los recursos naturales.

Esta conexión con diferentes áreas de estudio permite abordar los desafíos ambientales de manera integral y promover soluciones que sean socialmente justas y ambientalmente responsables.

Epistemología de las ciencias ambientales

Debido a su cualidad interdisciplinar, las **ciencias ambientales** adoptan una variedad de enfoques y metodologías para investigar y comprender los problemas ambientales. A continuación, exploramos algunos aspectos clave:

- **Integración de diferentes perspectivas.** Dado que abarcan múltiples disciplinas, esto implica la colaboración entre científicos de diversas áreas, como biólogos, químicos, geólogos, sociólogos y economistas, para una comprensión más completa y holística de los problemas ambientales.

- **Enfoque holístico y sistemas complejos.** Las ciencias ambientales consideran los sistemas naturales y humanos como sistemas complejos interconectados. Esto implica reconocer las múltiples interacciones y retroalimentaciones entre los componentes del sistema, así como la influencia de factores sociales, económicos y políticos en el medio ambiente.

- **Enfoques transdisciplinarios.** Esto implica la participación de diferentes actores, como científicos, comunidades locales, tomadores de decisiones y partes interesadas, en la generación del conocimiento. La colaboración entre estas partes ayuda a incorporar diferentes perspectivas, conocimientos locales y valores en la construcción del conocimiento ambiental.

- **Metodologías mixtas.** Utilizan una variedad de metodologías de investigación que se adaptan a los objetivos de investigación y a la naturaleza de los problemas ambientales para fortalecer la validez del conocimiento, tales como: técnicas de recolección de datos, análisis estadístico, modelado computacional, observación directa, entrevistas y estudios de caso.

- **Enfoque precautorio y ética ambiental.** Considerando la incertidumbre y los posibles impactos negativos sobre el medio ambiente y la salud humana, las **ciencias ambientales** valoran la prevención de daños, promueven la sostenibilidad y la equidad en la toma de decisiones basándose en el conocimiento científico.

¿Por qué estudiar ciencias ambientales?

Profesionalizarse en ciencias ambientales ofrece la oportunidad de contribuir a la conservación de la biodiversidad, abordar el problema de la contaminación, mitigar el cambio climático y promover la sostenibilidad, ayudando así a **crear un futuro más próspero y equilibrado.**

Los profesionales de las ciencias ambientales poseen habilidades en gestión y planificación ambiental, incluyendo la capacidad de diseñar y ejecutar proyectos de conservación, evaluar impactos ambientales, desarrollar estrategias de gestión sostenible y aplicar marcos legales y políticas ambientales.

Ciencias ambientales: campo de trabajo

Actualmente, existe un **campo laboral dinámico y en constante evolución,** donde se requieren habilidades y competencias específicas para enfrentar los desafíos ambientales actuales, por ejemplo:

- **Consultoría ambiental**, brindando asesoramiento y evaluando los impactos ambientales de proyectos y actividades humanas.

- **Gestión de recursos naturales**, como la conservación de la biodiversidad, la gestión forestal y el manejo de áreas protegidas.

- **Administración pública,** para formular y aplicar políticas ambientales, así como asegurar el cumplimiento de regulaciones.

- **Educación y divulgación ambiental,** promoviendo la conciencia y la sensibilización sobre los temas ambientales a través de programas educativos.

- **Especialistas en energía renovable,** participando en el desarrollo e implementación de tecnologías y proyectos de energía verde, como la solar, eólica, hidroeléctrica y geotérmica.

- **Planificadores urbanos sustentables,** quienes trabajan en el diseño de comunidades sostenibles, la planificación del uso del suelo, el transporte ecoamigable y la gestión de residuos.

Cabe destacar que estas son solo algunas de las profesiones disponibles en el campo de las ciencias ambientales pero, con el creciente reconocimiento de la importancia de la sostenibilidad y la conservación ambiental, el abanico de **oportunidades laborales continúa expandiéndose,** ofreciendo diversas opciones para los profesionales comprometidos con la protección del planeta.

Fórmate como un especialista en ciencias ambientales

Estudiar **ciencias ambientales** te permite combinar tu pasión por la ecología con una carrera gratificante y de impacto. Puedes marcar la diferencia en la protección del planeta, contribuir a la sostenibilidad y ser parte del cambio necesario para un futuro mejor.

Tomemos en cuenta estas tres afirmaciones antes de ahondar en el desarrollo sustentable:

1. Nuestro sistema actual se basa en el crecimiento económico (capitalismo).

2. Nuestros recursos naturales son limitados.

3. Las demandas humanas por el aumento poblacional y los estilos de vida exceden la capacidad del ambiente para recuperarse.

El origen del desarrollo sustentable

En la época posterior a la Segunda Guerra Mundial, muchos de los países se enfocaron en acumular riquezas para restablecer sus economías y dejaron de lado otras formas de capital como el cultural o natural. Años más tarde se comenzó a cuestionar el modelo de crecimiento ya que no era igualitario y dejaba sectores pobres o subdesarrollados. Fue ahí donde el **tema ambiental tomó relevancia en las discusiones**.

En 1987 la Comisión Mundial del Medio Ambiente y el Desarrollo presentó el informe _Nuestro futuro común_, con él se acuñó y difundió la definición más conocida del **desarrollo sustentable**:

Es el que satisface las necesidades del presente sin dañar la capacidad de las futuras generaciones para satisfacer sus propias necesidades.

Esta postura pone en el centro la satisfacción de las necesidades humanas básicas, la persistencia de todos los pueblos y del entorno, todo al mismo tiempo. Para ello se basa en **tres dimensiones: social, ambiental y económica**.

Las tres dimensiones del desarrollo sustentable

Dimensión social

Los problemas ambientales se vinculan con los sociales por cómo se originó el modelo capitalista. Como mencioné anteriormente, una de las críticas fue la disparidad entre sociedades desarrolladas y subdesarrolladas. Es por ello que un enfoque socialmente sustentable implica **garantizar el acceso y aprovechamiento** de los recursos naturales, **reducir las desigualdades** y promover la justicia. Cuando la preservación de la biodiversidad se hace presente se habla de un *desarrollo soportable*.

Dimensión ambiental

La dimensión ambiental promueve la **protección de los recursos naturales** y considera la **necesidad de expansión** para satisfacer las necesidades del crecimiento poblacional. A nivel de toma de decisiones, permite examinar las consecuencias ambientales de las actividades humanas. Cuando se contempla lo anterior y se conjunta con la economía se habla del *desarrollo viable* de un proyecto.

Dimensión económica

Esta es la dimensión que más ha sido cuestionada ya que el modelo económico actual se basa únicamente en el crecimiento del capital, la plusvalía. Un enfoque económico desde la sustentabilidad debe **respetar y adecuarse a los ciclos ambientales para así perdurar en el tiempo**. Por otro lado, tomando en cuenta el *desarrollo equitativo*, se busca la reducción de desigualdades sociales.

¿Qué implica el desarrollo sustentable?

Cerrando el ciclo y llegando al centro del diagrama nos encontramos con el desarrollo sustentable. Este modelo tiene como objetivo **proteger la biodiversidad,**

transformar las formas de producción y consumo y contemplar nuevas formas de evaluar el bienestar y desarrollo.

En definitiva se presentan muchos retos ya que no hay soluciones que surjan desde el lado científico, el legislativo o por incentivos económicos únicamente. Tampoco basta con que la comunidad, las tomadoras de decisiones o las personas empresarias tomen acción individualmente. **Se requiere la activación de todos los grupos sociales**.

¿Cómo logramos un desarrollo sustentable?

Mi primer paso:

Para alcanzar todos los objetivos que hemos planteado **la educación es el pilar más importante**. Una educación que forme ciudadanos y ciudadanas informadas y comprometidas activamente con el cambio. Una educación que desde el **raciocinio** resuelva problemáticas de forma integral; que desde la **inteligencia emocional** y la autodeterminación, incentive la toma de decisiones y la acción y que desde la **espiritualidad**, incremente la voluntad para la organización y participación en la acción social.

Sin embargo, la tendencia actual para los grandes proyectos es que éstos sean concebidos y realizados, desde sus conceptos o ideas básicas, como proyectos sustentables que incluyan calidad de vida, infraestructura y movilidad sin afectar el medio ambiente, y soportados técnicamente con programas ecológicos, principalmente en lo referente al consumo y manejo de la energía y el agua.

Los proyectos verdes sustentables han emergido como una fuerza transformadora en diversas industrias. El fortalecimiento de las energías renovables y el máximo aprovechamiento de los recursos naturales, así como el cuidar el medio ambiente, son tendencias que están favoreciendo los ecosistemas en todo el mundo.

Las iniciativas provenientes de instituciones, empresas y del gobierno, promueven una mayor eficiencia en el uso de los bienes y la transformación de los recurso mayor eficiencia de los recursos. Estas iniciativas no solo buscan reducir la huella ambiental, sino también generar eficiencia y resiliencia en el ámbito empresarial. Existen organizaciones de la sociedad civil que ofrecen propuestas hacia un desarrollo sustentable cuyos esfuerzos se centran en el uso responsable y cuidado de los recursos naturales.

Otras instituciones aportan su granito de arena como el Grupo Banco Mundial (BM) que tiene una función clara que desempeñar en el apoyo a sus países clientes para que estén preparados para la transición resiliente con bajas emisiones de carbono, permitiéndoles construir economías climáticamente inteligentes que sean verdes, resilientes e inclusivas.(Mundial,2022).

La Conferencia de las Naciones Unidas sobre el Cambio Climático 2023 (COP23), es un foro relevante en donde las voces se hacen escuchar a favor del medio ambiente.

Un espacio donde se plantean situaciones urgentes que requieren de acciones concretas para un futuro sostenible.

La aspiración descansa en que como humanidad tengamos la conciencia de ser parte del cambio verde. Ocuparnos del bienestar común es un valor que incluye tener una actitud favorable para nuestro entorno.

Cuando comparamos nuestra ciudad o pueblo con otro, ¿Como nos damos cuenta de cual esta mas desarrollado? Muy seguramente encontraremos respuestas distintas, sin embargo, es probable que la mayoría se vinculen con el crecimiento económico.

Tu y yo aprendimos que nuestro objetivo es **satisfacer nuestras necesidades y disminuir nuestras carencias**. Este libro esta enfocado e interesado en hacer conciencia sobre el uso eficiente de los recursos naturales.

<u>**Los proyectos verdes que se verán en este libro son :**</u>

- PROYECTOS DE RECICLAJE
- PROYECTOS CON ENERGIAS RENOVABLES
- PROYECTOS DE ALIMENTACION
- PROYECTOS DE MODA ECOLOGICA
- PROYECTOS DE TRANSPORTE ECOLOGICO
- PROYECTOS TECNOLOGICOS SUSTENTABLES

A continuación profundizaremos en cada proyecto verde mencionado con anterioridad.

Proyectos de reciclaje

El reciclaje es el proceso de recolección y transformación de materiales para convertirlos en nuevos productos. Los desechos que se reciclan de otro modo serían descartados como basura. El reciclaje tiene muchas ventajas, como:

- Ahorrar recursos

- Generar menos desechos contaminantes

- Tener un menor costo de producción

- Transformar los materiales que se hubiesen convertido en desecho en recursos valiosos

- Dar una nueva vida a los envases, reduciendo el consumo de recursos y la degradación del planeta

- Contribuir a reducir la cantidad de residuos que se envían a los vertederos y a conservar los recursos naturales

- Ser una medida ante el creciente derroche de materiales, ya que la mayoría de los plásticos que consumimos sólo satisfacen un uso

Tips para incentivar el reciclaje en tu comunidad

Reutilizar las bolsas de plástico y los objetos viejos de tu departamento para que tengan una nueva función es una de las **mejores formas de reciclaje**. Entonces, ¿qué puedes hacer para **incentivar el reciclaje en tu comunidad**? Sigue estos consejos para animar a tus vecinos a participar de un programa de residuos.

1. Coloca varios contenedores de reciclaje

Al colocar tachos de reciclaje en zonas puntuales de tu condominio, podrás fomentar el reciclaje indirectamente entre tus vecinos mayores y pequeños de manera natural. Para lograr esto, te recomendamos que converses con el administrador del condominio para que puedas colocar de manera estratégica los contenedores de reciclaje.

Considera ubicar estos contenedores en lugares convenientes. De esta forma, tus vecinos no tendrán que alejarse demasiado de sus unidades para reciclar, lo que puede animarles a hacerlo mucho más a menudo.

2. Orienta a tus vecinos sobre cómo funciona el reciclaje

La educación sobre el reciclaje es clave para implementar y mantener una comunidad limpia. Algunas personas no saben mucho sobre el reciclaje, por lo que si tus vecinos no saben qué hacer, es posible que no participen en lo absoluto o que tiren sus artículos reciclables en el contenedor equivocado.

Una forma de orientar a tus vecinos es mediante el empleo de carteles con instrucciones claras sobre **cómo se debe reciclar**. Proporciona toda la información que puedas sobre dónde están los contenedores de reciclaje y qué se puede reciclar.

Por ejemplo, puedes instruir a tus vecinos para que vuelvan a dar otro uso a las cajas, envases de vidrio o las botellas de plástico. También, puedes utilizar señalizaciones para ayudar a dirigir a tus vecinos hacia los contenedores de reciclaje adecuados, en función de lo que desechen.

Asimismo, puedes hacer saber a todos tus vecinos que estás disponible para responder a cualquier pregunta sobre el reciclaje. Esto puede ayudar a fomentar el cumplimiento y a garantizar que los artículos se reciclen correctamente. Además, es una buena forma de conocer mejor a tus vecinos.

3.Haz saber a tus vecinos la importancia del reciclaje

Es posible que algunas personas no se den cuenta de lo importante y útil que es el reciclaje. Sin embargo, como ya sabrás, fomentar y **practicar el reciclaje en tu condominio** tiene muchos beneficios. Es posible que te sorprendas al descubrir que más vecinos quieran participar una vez que sean conscientes de las razones por las que deben hacerlo.

Por ejemplo, considera la posibilidad de proporcionar información sobre la cantidad de basura que se desecha en tu condominio. Informa cuánto se puede ahorrar al reciclar y emplear prácticas ecoamigables. De igual forma, puedes proporcionar un poco más de información sobre los **beneficios medioambientales del reciclaje**.

4. Forma un club de reciclaje

Aunque te sientas solo en tus esfuerzos por reciclar, ten en cuenta que otras familias pueden sentir lo mismo. Así que, ¿por qué no reunir a aquellos que sienten pasión por el reciclaje a través de un club comunitario?

En un club de reciclaje puedes reunirte todas las semanas para participar en manualidades de reutilización, campañas de recogida de ropa y proyectos de limpieza. Además, puedes establecer **objetivos de reciclaje** para tus miembros y, cuando todos alcancen sus metas, tratar de recompensarlos con entradas de cine, conciertos o paseos al aire libre.

5.Enseña con tu ejemplo

Considera la posibilidad de ofrecer un paquete de bienvenida de reciclaje a los nuevos residentes y anima a tu comunidad a colaborar para reducir los residuos y aumentar el reciclaje.

Si tus vecinos suelen colocar sus artículos en el contenedor de reciclaje incorrecto, puedes enseñarles con tus **buenas prácticas de reciclaje**. Asegúrate de que todos los miembros de tu familia den el ejemplo con sus acciones.

5 pasos para iniciar un proyecto de reciclaje

1. Conocer que tipos de materiales son los reciclables. En teoría todo material es reciclable, siempre y cuando exista el proceso y la tecnología adecuada, pero eso es la teoría. ...

2. Información de las empresas

3. Definir el alcance

4. Armar la Campaña

5. Iniciar como prueba piloto

¿Qué se puede fabricar con material reciclado?

- Esculturas y obras de arte. La fabricación de esculturas y obras de arte con materiales reciclados es una manifestación artística que toma forma a partir de residuos.

- Instrumentos musicales.

- Alfombras, cortinas y manteles.

- Libretas y cuadernos.

- Juguetes.

- Macetas y jarrones.

Proyectos con energías renovables

La energía renovable es una fuente de energía que se obtiene de recursos naturales que se regeneran de forma natural más rápido de lo que se consumen. Estas fuentes son virtualmente inagotables y no utilizan combustibles fósiles, como las energías convencionales. En lugar de eso, las energías renovables utilizan recursos como el sol, el viento, el agua, la biomasa vegetal o animal, el calor de la Tierra, las olas, las mareas y las corrientes marinas.

Las energías renovables son una alternativa a las energías tradicionales, que dañan el medio ambiente a través de los residuos que generan.

Las energías renovables se pueden utilizar para producir electricidad, calor, gas y combustible (llamados biogás y biocombustible) sin emitir gases de efecto invernadero.

Las energías renovables se dividen principalmente en: energía solar, eólica, hidráulica, geotérmica, energía de la biomasa y energía del mar.

Características de las fuentes de energía renovables y sus tipos.

Las fuentes de energía renovables se caracterizan por lo siguiente:

- o Su aprovechamiento provoca una afección muy baja al medioambiente. No se generan residuos.

- o Son fuentes de energía ilimitadas, por ello también se las conoce como fuentes de energía inagotables, ya que no se agotan con su consumo.

astillas, madera triturada y prensada, etc.; líquidos: biodiésel, bioetanol; o gaseosos: biogás).

El contenido energético de la biomasa puede aprovecharse en diferentes procesos de transformación para obtener energía térmica o calor, o electricidad o energía mecánica (biocarburantes).

2) Los biocarburantes.

Se trata de combustibles de origen renovable que podrán utilizarse como sustitutivos o aditivos de los combustibles tradicionales como gasolinas y gasóleos. Se destacan dos tipos de biocarburantes:

o **Biodiésel:** producido a partir de aceites y grasas de origen vegetal y animal que se transforman en carburante similar al gasóleo.

o **Bioetanol:** alcohol de origen vegetal obtenido a partir de la fermentación de sustancias azucaradas.

3) La energía geotérmica.

Es un tipo de energía renovable que almacena el interior terrestre en forma de calor (fuente de energía inagotable y no contaminante).

4) La energía hidroeléctrica o hidráulica.

Consiste en aprovechar la energía potencial del agua para producir energía eléctrica.

5) Las energías marinas.

Se aprovecha la fuerza del mar (olas, mareas, corrientes marinas, gradientes térmicos) para generar energía.

Proyectos de Energía Renovable

- **Proyectos** Fotovoltaicos.

- **Proyectos** Eólicos.

- **Proyectos** Hidráulicos.

- **Proyectos** de Eficiencia Energética: Ciclo Combinado y Cogeneración.

- I. Plantas de Generación Eléctrica.

- II. Plantas de Transmisión y Almacenamiento.

- Tecnologías Innovadoras.

- Asosiaciones Público Privadas (APP)

¿Con cuáles de ellos podrías ahorrar en tu casa?

1. Paneles solares. Los paneles solares funcionan mediante celdas fotovoltaicas **que** captan la luz del sol y la convierten en electricidad. ...
2. Calentador solar de agua.
3. Sistemas de captación de agua pluvial.

¿Qué tipo de productos se pueden crear con energía renovable?

Top 6 inventos con energía solar

- Enchufe solar.

- Cocina solar portátil.

- Portátil solar.

- Mochila solar.

- Bolso solar.

- Aire acondicionado solar.

¿Cuál es el objetivo de la energía renovable?

Ayudan a disminuir enfermedades relacionadas con la contaminación. No necesitan grandes cantidades de agua para su funcionamiento. Reducen la necesidad de industrias extractivas en la medida que se evita el uso de combustibles fósiles.

¿Cómo empiezo mi propio negocio de energía renovable?

Las estrategias recomendadas para iniciar su propio negocio de energía renovable incluyen aprender más sobre la industria, identificar un mercado específico, recibir la certificación y reclutar proveedores.

Irrumpir en el mercado de las energías renovables tiene algunos desafíos únicos. Al iniciar un negocio de energía renovable, es importante tener en cuenta las necesidades actuales de la industria, así como su futuro.

El futuro de las energías renovables

Se proyecta que la energía renovable proporcione casi el 30% de la demanda de energía para 2023 , lo que hace que la industria sea atractiva para nuevos negocios.

Algunos signos de este crecimiento incluyen los siguientes:

- Google realizó recientemente 18 nuevos acuerdos de energía que ayudarán a construir más de $ 2 mil millones en infraestructura de energía renovable en todo el mundo.

- Amazon planea funcionar solo con energía renovable para 2030.

- Para seguir creciendo después de 2022, la industria necesitará una red modernizada, un mercado que valore las energías renovables y

<u>actualizaciones de impuestos/políticas</u> . Numerosas políticas e incentivos están destinados a lograr precisamente eso.

Las grandes empresas están invirtiendo fuertemente en energía renovable y la nación en su conjunto parece estar enfocándose en apoyar el crecimiento continuo.

Consejos para entrar en el mercado de las energías renovables

Para comenzar a ingresar al mercado, aquí hay algunos consejos a considerar:

- Encuentre un nicho, como I+D, ventas, instalación o fabricación.
- Aprende cómo funciona la energía eléctrica.
- Considere ofrecer servicios de energía renovable por contrato.
- Obtenga la certificación en energía renovable de una organización acreditada, como Energy Star o el Building Performance Institute.

8 pasos a seguir al iniciar un negocio de energías renovables

Para comenzar a construir una empresa de energía renovable, siga estos pasos:

1. Determina el tipo de servicio o producto que quieres ofrecer. ¿Quizás una instalación solar? ¿ <u>Mantenimiento de parques eólicos</u> ? ¿Fabricación de piezas necesarias?
2. Aprende todo lo que puedas sobre la industria.
3. Familiarícese con las reglamentaciones, los requisitos y los permisos aplicables.
4. Investigar y reclutar proveedores potenciales.
5. Identifique su mercado/consumidores objetivo. ¿Vas a ser industrial? ¿Comercial? ¿Residencial?
6. Crear un plan de negocios y marketing.
7. Asegure el capital necesario para comenzar.
8. Ejecute su plan de negocios, haciendo las actualizaciones necesarias sobre la marcha.

Este proceso puede llevar tiempo y querrá asegurarse de completar cada paso minuciosamente antes de pasar al siguiente. Si hace su tarea y ejecuta bien su plan, su negocio debería tener éxito.

Proyectos de alimentación

La alimentación sustentable busca garantizar la seguridad alimentaria y la nutrición para todos, sin poner en riesgo las bases económicas, sociales y ambientales o comprometer los recursos para las futuras generaciones. La alimentación sostenible busca promover hábitos saludables que tengan un impacto ambiental reducido y contribuyan a la seguridad nutricional. En otras palabras, se trata de elegir alimentos y prácticas alimenticias que sean saludables tanto para nosotros como para el planeta.

¿Por qué es importante la sostenibilidad para los alimentos?

Al utilizar prácticas alimentarias sostenibles, como reducir la cantidad de alimentos que desperdiciamos y tomar buenas decisiones sobre los alimentos que comemos, podemos preservar el suministro de alimentos del mundo y disminuir nuestro impacto en el medio ambiente . Al reducir el desperdicio de alimentos y planificar sus compras, puede ahorrar dinero.

¿Cuáles son las opciones de alimentos sostenibles?

Una dieta sostenible open_in_new se compone principalmente de verduras, legumbres, cereales integrales, determinados frutos secos y frutas . Evita la mayoría de los alimentos procesados como el azúcar y los cereales refinados. Comer de forma sostenible puede incluir carne y pescado cultivados y cosechados de forma respetuosa con el medio ambiente.

¿Cómo puedo contribuir a la sostenibilidad alimentaria?

– Reducir a la mitad el uso de plaguicidas y fertilizantes y la venta de antimicrobianos. – Aumentar la cantidad de tierra dedicada a la agricultura ecológica. – Promover un consumo de alimentos y dietas saludables más sostenibles. – Reducir la pérdida y el desperdicio de alimentos.

¿Cómo producir alimentos sostenibles?

Cuatro formas en que los procesadores y fabricantes de alimentos pueden reducir su huella ambiental:

- Usar embalajes ecológicos: El envasado de **alimentos** es una fuente importante de desechos y contaminación. ...
- Reducir el desperdicio de alimentos
- Mejorar la eficiencia energética
- Usar ingredientes sostenibles

Proyectos sustentables en el Foro de Alimentación de la FAO

- Sistemas electrónicos motivan la agricultura.
- Transformando la **alimentación** con legumbres.
- Agricultura respetuosa es el cambio sostenible.
- Digitalización de productos lácteos.
- El futuro de la **alimentación** está en la transformación.

¿Qué podemos hacer para tener una alimentación sostenible?

A continuación, te enumeramos consejos para una alimentación sostenible:

1. Reducir la ingesta de alimentos de origen animal.
2. Comer carne de más calidad.
3. Elegir productos producidos de forma agroecológica.

4. Consumir productos locales.

5. Consumir productos de temporada.

6. Evitar los alimentos transportados por avión.

Proyectos de transporte ecológico

¿Qué es el transporte ecológico? El transporte ecológico se creó con el propósito de reducir la polución en las grandes ciudades. Una de las características de estos transportes es que pueden ser eléctricos o con energías renovables y sostenibles que respetan el medio ambiente. Un medio de transporte ecológico es aquél que reduce la contaminación producida con nuestro desplazamiento, en comparación a otras alternativas de transporte. Algunos de los medios de transporte ecológico actualmente disponibles son los siguientes: Bicicletas. Patinetes eléctricos.

¿Qué beneficios tiene el transporte ecológico?

La movilidad sostenible presenta importantes beneficios tanto ambientales como económicos, urbanos y sanitarios. Principalmente, reduce la contaminación ambiental y reduce el ruido.

¿Cuáles son los medios de transporte más ecológicos?

- La bicicleta. Sin duda, es uno de los medios de **transporte** sostenibles por excelencia. ...
- El patinete eléctrico. Otro de los medios de **transporte** más **ecológicos** es el patinete eléctrico. ...
- Tranvías, trenes y autobuses públicos.

Actualmente, en algunos países el término se utiliza para cualquier vehículo que cumpla o supere los estándares de emisiones europeos más estrictos (como Euro6). También para los estándares de vehículos de cero emisiones de California (como ZEV, ULEV, SULEV, PZEV). O los normas sobre combustibles de carbono promulgadas en varios países.

Los diferentes tipos de combustibles

Los vehículos ecológicos pueden funcionar con combustibles alternativos y tecnologías avanzadas de vehículos. Incluyen vehículos eléctricos híbridos, vehículos eléctricos híbridos enchufables, vehículos eléctricos de batería, vehículos de aire comprimido, vehículos de hidrógeno y celdas de combustible, vehículos de etanol limpio, vehículos de combustible flexible, vehículos de gas natural y vehículos diésel limpio. Algunas fuentes también incluyen vehículos que utilizan mezclas de biodiésel y etanol o gasohol.

Varios autores también incluyen vehículos de motor convencionales con alto ahorro de combustible. Consideran que aumentar el ahorro de combustible es la forma más rentable de mejorar la eficiencia energética y reducir las emisiones de carbono en el sector del transporte a corto plazo. Como parte de su contribución al transporte sostenible, estos vehículos reducen la contaminación atmosférica y las emisiones de gases de efecto invernadero. Además, contribuyen a la independencia energética al reducir las importaciones de petróleo.

Un análisis ambiental se extiende más allá de la eficiencia operativa y las emisiones. Una evaluación del ciclo de vida implica consideraciones de producción y post-uso. Un diseño de la cuna a la cuna es más importante que centrarse en un solo factor, como la eficiencia energética.

Tipo de vehículos

Los vehículos ecológicos incluyen tipos de vehículos que funcionan total o parcialmente con fuentes de energía alternativas distintas de los combustibles fósiles o menos intensivas en carbono que la gasolina o el diésel. Otra opción es el uso de una composición de combustibles alternativos en vehículos convencionales basados en combustibles fósiles, haciéndolos funcionar parcialmente con fuentes de energía renovables.

Otros enfoques incluyen el tránsito rápido personal, un concepto de transporte público que ofrece transporte automatizado, a pedido y sin escalas en una red de guías construidas especialmente.

Beneficios del transporte ecológico

Las emisiones de los vehículos contribuyen al aumento de la concentración de gases vinculados al cambio climático. El transporte por carretera es la tercera fuente más importante de **gases de efecto invernadero** emitidos en el Reino Unido y representa más del 20% de las emisiones totales y el 33% en los Estados Unidos. Del total de emisiones de gases de efecto invernadero del transporte, más del 85% se deben a los vehículos de carretera. El sector del transporte es la fuente de gases de efecto invernadero de más rápido crecimiento.

Los contaminantes de los vehículos se han relacionado con la mala salud humana, incluida la incidencia de enfermedades respiratorias y cardiopulmonares y cáncer de pulmón. Un informe de 1998 estimó que hasta 24.000 personas mueren prematuramente cada año en el Reino Unido como resultado directo de la contaminación del aire.

Según la Organización Mundial de la Salud, hasta 13.000 muertes por año de niños (de 0 a 4 años) en toda Europa son directamente atribuibles a la contaminación exterior. La organización estima que los niveles de contaminación se podrían volver a situar dentro de los límites de la UE. En ese caso se podrían salvar más de 5.000 de estas vidas cada año.

Proyectos de moda ecológica

¿Qué es un proyecto de moda eco?

Es aquella que aboga por la reducción de los recursos necesarios para la producción y la reutilización de los mismos en prendas de vestir y complementos que cumplan criterios de sostenibilidad ambiental (respetar el medio ambiente y el uso de materiales naturales u orgánicos).

La moda ecológica se refiere simplemente a fabricar ropa teniendo en cuenta el impacto medioambiental, así como la salud de los consumidores y las condiciones laborales de los trabajadores . Echa un vistazo a algunas de las características que definen a la ropa ecológica: Confeccionada con materias primas orgánicas.

¿Por qué es importante la moda ecológica?

La ropa sostenible ayuda a minimizar la contaminación, las emisiones de gases de efecto invernadero y el uso de agua asociados con la producción de moda convencional . Al elegir opciones sostenibles, podemos proteger los ecosistemas, reducir la huella de carbono y preservar los recursos naturales para las generaciones futuras.

¿Cómo se hace la ropa ecológica?

Muchas marcas que promueven la ropa sostenible ahora utilizan materiales reciclados como poliéster, nailon e incluso botellas de plástico para crear nuevas prendas . Al reutilizar materiales que de otro modo terminarían en los vertederos, la moda sostenible ayuda a reducir los residuos y conservar los recursos.

Tips para cuidar tu ropa y el medio ambiente

Aquí tienes 10 consejos de moda sostenible que van desde reciclar las prendas que ya no usas hasta lavar con productos de limpieza biodegradables. Aprende cómo integrar nuevos hábitos de consumo para cuidar tu ropa y al planeta.

¿Sabías que tu ropa también contamina? La contaminación textil es una realidad, pero hoy es posible adoptar mejores hábitos de consumo y de limpieza –como lavar solo cuando sea necesario o **quitar manchas de desodorante en ropa oscura** antes de optar por comprar una prenda nueva– para contribuir al cuidado del medio ambiente.

Se ha demostrado que la industria de la moda es uno de los sectores más contaminantes en el mundo. Según los reportes de la ONU Medio Ambiente y la Fundación Ellen MacArthur, en 2019, el 10% de las emisiones globales de carbono eran causadas por la industria textil y se determinó que de continuar operando tal y como se ha hecho hasta ahora, el porcentaje podría subir hasta el 50% para el 2030.

Tips para cuidar tu ropa y el medio ambiente

Aquí tienes 10 consejos de moda sostenible que van desde reciclar las prendas que ya no usas hasta lavar con productos de limpieza biodegradables. Aprende cómo integrar nuevos hábitos de consumo para cuidar tu ropa y al planeta.

¿Sabías que tu ropa también contamina? La contaminación textil es una realidad, pero hoy es posible adoptar mejores hábitos de consumo y de limpieza –como lavar solo cuando sea necesario o **quitar manchas de desodorante en ropa oscura** antes de optar por comprar una prenda nueva– para contribuir al cuidado del medio ambiente.

Se ha demostrado que la industria de la moda es uno de los sectores más contaminantes en el mundo. Según los reportes de la ONU Medio Ambiente y la Fundación Ellen MacArthur, en 2019, el 10% de las emisiones globales de carbono eran causadas por la industria textil y se determinó que de continuar operando tal y como se ha hecho hasta ahora, el porcentaje podría subir hasta el 50% para el 2030.

Aunque nosotros no podemos cambiar los métodos de producción, sí podemos cambiar nuestros hábitos de consumo tomando conciencia del impacto ambiental de la ropa. No es necesario que realices cambios radicales, cada una de nuestras acciones cuenta y hay muchos pequeños actos con los que puedes poner tu granito de arena, a continuación, te damos 10 tips para cuidar de tu guardarropa de forma ecológica:

1.- Dale una segunda oportunidad a las prendas que han quedado arrumbadas en tu clóset. Puedes reciclar la "ropa vieja" **tiñéndola de un nuevo color o decorándola con estoperoles** y parches, creando un nuevo estilo personalizado.

Si las playeras de algodón ya no te quedan, puedes reciclarlas transformándolas en **trapos de cocina** o utilizarlas para crear manualidades para los más pequeños de casa, como **títeres para los dedos**.

Si lo prefieres, puedes separar y clasificar pantalones, playeras y camisas para llevarlos a lugares para reciclar ropa, como centros de reciclaje donde expertos puedan darle una segunda vida de la manera correcta.

 2.- Elige moda sustentable. No podemos hablar del cuidado y reciclaje de la ropa sin mencionar el fast fashion o moda rápida, un modelo de producción y consumo masivo de prendas que responde a tendencias pasajeras el cual también se puede identificar porque no cuenta con la mejor calidad del mercado respecto a su tela y confección.

Actualmente, el fast fashion es uno de los grandes causantes de la sobreproducción y el desperdicio de recursos en la industria textil, por lo que uno de los mayores aportes para el cuidado del planeta es evitar su consumo.

3.-Repara tus prendas con aguja e hilo. Para renovar tu ropa usada solo necesitas imaginación, tijeras, aguja e hilo. El *fast fashion* nos ha enseñado a "comprar, usar y tirar", ¿qué pasaría si esta vez reparas las prendas en lugar de deshacerte de ellas?

Arreglando las prendas que ya tienes, prolongas su uso y contribuyes al cuidado del planeta. Busca tutoriales y tips de costura fácil, como estos para **ajustar un cinturón o cortar un pantalón a tu medida**. En su lugar podemos optar por marcas de ropa sustentable que no solo ofrecen telas de mejor calidad, sino que siguen métodos de producción responsables con el medio ambiente y su ciclo de vida es mucho más largo.

4.-Utiliza productos de limpieza biodegradables. Cuidar al planeta también se inicia en la lavadora. Te recomendamos incluir en tus productos de limpieza detergentes y suavizantes biodegradables que sean suaves tanto con tu ropa como con el medio ambiente, los cuales cuentan con formula con activos biodegradables y su botella y tapa son 100% biodegradables.

5.- Usa la lavadora responsablemente. Al usar este electrodoméstico, asegúrate de ahorrar energía y agua. Recuerda separar la ropa correctamente e identificar los diferentes programas de lavado diseñados para evitar que los tejidos de tu ropa se dañen. No solo dividas la ropa por colores, también toma en cuenta el tipo de tela y los cuidados que necesita para elegir el programa de lavado más conveniente. No te olvides de acumular una buena carga de ropa para evitar gastar más agua de la necesaria.

6.-No te excedas con el uso de la secadora. Aunque para nosotros resulte muy cómodo, las secadoras son la peor pesadilla de las prendas, no solo de las delicadas. La mayoría de los textiles comienzan a dañarse cada vez que se ven expuestos a las altas temperaturas con las que trabaja la secadora. La mejor opción siempre será la natural: tiende la ropa en un área ventilada y espera hasta que las prendas se sequen.

7.- Revisa la etiqueta de tu ropa. Las etiquetas no solo están ahí para darte comezón de vez en cuando, seguir las instrucciones de cuidado que el fabricante incluye en cada prenda evitará que la tela se rompa, que pierda su forma o que se decolore. No tires las etiquetas a la basura, mejor leer con atención qué cuidados necesita tu ropa y prolonga su tiempo de vida.

8.- Disminuye la frecuencia de lavado de ropa. No todas las prendas necesitan lavarse cada vez que se utilizan. Los fabricantes han expresado que las prendas que no están en contacto directo con el sudor, como pantalones, trajes y sudaderas, pueden utilizarse hasta 4 veces antes de lavarse. En estos casos, es mejor extender las prendas en un espacio ventilado después de utilizarlas para permitirles refrescarse y posteriormente guardarlas en tu armario de la forma habitual.

9.-Vende o dona tu ropa usada. Si lo tuyo no es reparar o decorar tus prendas, tienes la opción de donar o vender tu ropa usada que se encuentre en buen estado. De esta forma podrás ayudar al planeta y a las personas que lo necesitan asegurándote de que el ciclo de vida de esas prendas continúe en lugar de convertirse en contaminante.

10.-Compra en tiendas de segunda mano. Las tiendas de segunda mano son perfectas para reducir la huella ecológica. No te dejes llevar por los prejuicios, ¡podrías encontrar un gran tesoro! Además, ahora hay una gran cantidad de tiendas que se preocupan por mantener las prendas de segundo uso limpias y en perfecto estado.

Cada vez se busca una mayor innovación en cuanto a los materiales textiles usados para la fabricación de prendas y productos sostenibles, reduciendo notablemente su impacto medioambiental.

¿Qué es la Moda Sostenible?

Es aquella que aboga por la reducción de los recursos necesarios para la producción y la reutilización de los mismos en prendas de vestir y complementos que cumplan criterios de sostenibilidad ambiental (respetar el medio ambiente y el uso de materiales naturales u orgánicos). Es vestirse y consumir ropa con un intercambio más justo entre las partes implicadas en la producción.

La moda y su impacto

- Las industrias de ropa y calzado contribuyen con más del 8% del impacto global y generan más del 20% en el desperdicio de agua.
- A nivel mundial, el 80% de los textiles desechados van a un tiradero de basura. Solamente un 20% son reutilizados o reciclados.

- La ropa que termina en los tiraderos puede permanecer allí más de 200 años y, a medida que se descompone, emite metano, un gas de efecto invernadero más potente que el carbono.

Acciones por la salud, la moda sostenible intenta ser una industria beneficiosa para la salud, pues las prendas ecológicas están hechas con materiales naturales. Todos libres de tóxicos y químicos peligrosos, lo que evita alergias e irritaciones en la piel.

La moda sostenible fomenta una actitud más responsable y ética frente al consumo.

Criterios de valor, desde su concepción ha sido una corriente de pensamiento, diseño, producción y uso de prendas o complementos basada en:

- Minimizar el impacto medioambiental para preservar y mejorar la salud del planeta.
- Garantizar los derechos laborales primando la transparencia a lo largo de todo el ciclo de vida y recuperación de una prenda.
- Instaurar una economía circular basada en el crecimiento cualitativo, competitivo, eficiente e innovador frente al crecimiento únicamente cuantitativo.

Reciclaje de textiles

Los actuales métodos de reciclaje de textiles convierten menos del 1% de los materiales no reutilizables en nuevos textiles, mientras que la demanda de recursos sigue creciendo.

DESARROLLO DE TEXTILES SOSTENIBLES

Como parte de las innovaciones de la moda sostenible podemos mencionar el desarrollo de algunos textiles como:

TEXTILES CON CÍTRICOS

Los desechos cítricos en tejidos innovadores contribuyendo a resolver dos problemas: el impacto medioambiental y económico de la eliminación de restos de jugos cítricos y la necesidad de materiales sostenibles en la industria de la moda.

Existen diferentes nanotecnologías para extraer celulosa del jugo y convertirlo en un material apto para hilar, creando Orange Fiber®, un textil similar a la seda y la viscosa en aspecto y calidad.

FIBRA DE PIÑA

Existe un tipo de tejido natural, un textil no tejido, con características muy similares al cuero a partir de la creación de fibras procedentes de las hojas de piña, reforzado con biopolímeros (macromoléculas presentes en los seres vivos). El cuero textil hecho a base de dicha fibra es conocido en el mercado como Piñatex.

FIBRA DE PLÁTANO

Es una de las fibras naturales más fuertes del mundo, se le conoce también como fibra de musa. Se hace del tallo del árbol del plátano, es biodegradable y es muy durable.

Tiene ventajas sobre las fibras sintéticas, como la baja densidad, rigidez y buenas propiedades mecánicas. Además de ser reciclable, la fibra del plátano es similar a la fibra natural del bambú, pero su finura y resistencia a la tracción es mejor.

Dependiendo de qué parte del vástago del plátano se extrajo la fibra se pueden hacer numerosos tejidos con diversos pesos y gruesos. Las fibras más gruesas y resistentes se toman de las vainas externas, mientras que las vainas interiores dan como resultado fibras más suaves.

SETAS

Muchos diseñadores han recurrido al micelio, la parte vegetativa de un hongo (sus raíces) para su uso como fibra. El micelio tiene grandes propiedades como el aislamiento, la repelencia al agua, es antimicrobiano e incluso sirve para el cuidado de la piel. Estas propiedades son perfectas para usar en textiles, además de que es totalmente compostable (se degrada en su totalidad en el medio ambiente sin dejar residuos visibles ni tóxicos).

CACTUS

Se trata de una piel sintética hecha a base de nopal. Las bases del proceso son simples y no tienen un impacto negativo sobre el medioambiente.

ECONYL

Es un material fabricado por el grupo Aquafil y está hecho a partir de desechos de nylon. La forma en la que lo obtienen es a partir de materiales que lo contienen, como redes de pesca, alfombras, plástico industrial y cuerdas para escalar. El nylon se somete a un proceso que lo deja apto para fabricar nuevas prendas y darle otros usos. Lo mejor de todo es que este proceso de reutilización no tiene fin, porque se puede regenerar el nylon un número ilimitado de veces.

Se han desarrollado textiles hechos a base de manzana, café y algas marinas.

Consume informado

Puedes mantenerte a la moda sin llenar tu armario con ropa que está hecha para durar solamente una temporada, intercambiar ropa con amigos y arreglar algunas piezas que ya están en tu guardarropa, como coserles los botones que les hagan falta, parchar agujeros, leer bien las instrucciones de cuidado y conocer el método de lavado apropiado para alargar su vida útil.

Cuando compres ropa no lo hagas por impulso, en su lugar procura buscar prendas atemporales que nunca pasarán de moda, revisar la composición de sus fibras, que la tela no sea frágil y que las costuras se vean resistentes.

Proyectos de tecnologías

Las tecnologías sostenibles se conocen como aquellas que están enfocadas en los principios de sostenibilidad. Son aquellas que a través de la reutilización, el reciclaje, la conservación de recursos naturales y de la eficiencia energética, reducen la contaminación. Por lo tanto, minimizan el impacto ambiental.

Las tecnologías sostenibles o sustentables son aquellas que buscan no comprometer los recursos naturales en el futuro, utilizando medios como fuente de energía renovables. Algunos ejemplos son tecnologías que usan el biocombustible, la energía solar, eólica o el reciclado, entre otras.

Los **ejemplos de tecnologías sustentables** que existen son numerosos: en primer lugar, hay que hacer referencia a los sistemas cloud, por el ahorro de papel y de recursos; el segundo ejemplo es el de la **Inteligencia Artificial (IA)**, por reducir pasos; además, hay que hacer referencia al **Business Intelligence**, como tecnología que ayuda a mejorar; también la **realidad virtual** cumple con un papel importante y las **redes 5G** son un ejemplo de **tecnología sostenible**.

En lo material, hacemos referencia a las **instalaciones fotovoltaicas o eólicas**; por otra parte, también las **calderas de biomasa**; en los últimos años, se han extendido los **motores de hidrógeno** como alternativa; además, los **coches eléctricos** se han convertido en una opción común.

Ventajas de la tecnología sostenible

Las ventajas de las tecnologías sostenibles son diversas, y lo son para el conjunto de la sociedad. No en vano, su implementación aporta varias mejoras de interés. Vamos a hacer referencia a las más importantes:

- **Uso óptimo de los recursos:** la premisa básica de **hacer más con menos** se consigue gracias a las **tecnologías sostenibles**. La idea es **conseguir los mismos resultados o mejores utilizando menos energía**. Esto, en contextos de necesidad o de cambio climático, es un valor muy importante.
- **Reducción de la pobreza:** la reducción de la pobreza es otra de las consecuencias de implementar esta tecnología. Al quedar más recursos naturales disponibles, es más sencillo hacer un reparto justo y equitativo. Si el acceso a estas tecnologías es democrático, se reducirá la pobreza y aumentarán las oportunidades.
- **Reducción de las desigualdades:** la reducción de las desigualdades es otra de las vertientes que se pueden conseguir con un **buen uso de estas tecnologías**. En este caso, lo que se impone es que haya un acceso igualitario a las mismas o, como mínimo, democratizado. Por ejemplo, un acceso generalizado al 5G puede servir para reducir las desigualdades.
- **Creación de más puestos de trabajo:** las **tecnologías sostenibles ocupan un nicho de mercado importante** y requieren de trabajadores especializados. Por lo tanto, también crean nuevos puestos de trabajo. En los últimos años, se ha multiplicado la demanda de profesionales en relación con carreras tecnológicas.

- **Favorecen la economía circular:** aunque el uso de las tecnologías pueda ser global, favorecen la economía circular. Es más sencillo trabajar sin necesitar insumos lejanos y, además, se puede trabajar en red desde un mismo punto. Puede ser un buen **aliado** para este nuevo **paradigma de crecimiento económico**.

- Mejora del acceso a la información y la educación: las **tecnologías sostenibles** son, también, una posibilidad para **mejorar el acceso a la información y la educación** por su bajo coste que tienen y su proyección para todos los públicos pueden facilitar el conocimiento.

La armonía de los conceptos de tecnología e innovación sostenible

La **tecnología** es el subconjunto del conocimiento que incluye la gama completa de dispositivos, métodos y procesos. Por su parte, la **innovación** es el proceso mediante el cual la tecnología se concibe, desarrolla, codifica e implementa.

Los factores que impiden la movilización de la innovación tecnológica para el desarrollo sostenible son en gran medida los mismos que impiden la innovación general. Sin embargo, también existe un desafío particular para quienes trabajan en la promoción del desarrollo sostenible. Y es que las poblaciones empobrecidas, marginadas y futuras, suelen carecer del poder económico y político para dar forma a los sistemas de innovación que necesitan. Por ejemplo, la inversión global en investigación y desarrollo (I + D) en medicamentos para «enfermedades desatendidas» es insuficiente. ¿El motivo? Que las poblaciones de los países en desarrollo que soportan la carga principal de tales enfermedades carecen de los medios para incentivar dicha inversión.

Asimismo, la inversión actual en energía baja en carbono no refleja plenamente los intereses de las generaciones futuras, que se verán afectadas por el cambio climático. Hacer que la innovación tecnológica funcione para el desarrollo sostenible en general, y para las poblaciones que carecen de poder en particular, requiere una mayor claridad.

Problemas y recomendaciones para fomentar la innovación tecnológica sostenible. Existen tres elementos a los que debemos prestar atención:

- Primero: los **procesos de innovación tecnológica no siguen una secuencia establecida.** Surgen de sistemas adaptativos complejos que involucran a muchos actores e instituciones que operan simultáneamente desde escalas locales a globales. Las barreras surgen en todas las etapas de la innovación, desde la invención de una tecnología hasta su selección, producción, adaptación, adopción y retiro.
- En segundo lugar, el **aprendizaje** de los esfuerzos realizados en el pasado para movilizar la innovación para el desarrollo sostenible puede **mejorarse enormemente.** Son necesarias comparaciones intersectoriales estructuradas que reconozcan la naturaleza sociotécnica de los sistemas de innovación.
- En tercer lugar, las **instituciones** actuales que dan forma a la innovación tecnológica **a menudo no están alineadas con los objetivos del desarrollo sostenible.** El motivo es que las poblaciones empobrecidas y marginadas tienden a carecer del poder económico y político. Sin embargo, estas instituciones pueden reformarse mediante la investigación, la promoción, la capacitación, la convocatoria, la formulación de políticas y el financiamiento.

Existen unas **recomendaciones** para aprovechar el potencial de la innovación en el desarrollo sostenible. Son estas:

1. Deben establecerse canales para el aprendizaje regularizado en todos los ámbitos.

2. Es necesario el desarrollo de medidas que tengan en cuenta los intereses de las poblaciones desatendidas a lo largo del proceso de innovación.

3. Las instituciones deben reformarse para reorientar los sistemas de innovación hacia el desarrollo sostenible y garantizar que todas las etapas y escalas de innovación se consideren desde el principio.

El objetivo debería ser cerrar la brecha entre la teoría de la innovación tecnológica sostenible y la práctica de la misma.

Bibliografía

SUSTENTABILIDAD Y DESARROLLO SUSTENTABLE

ORIGEN, PRECISIONES CONCEPTUALES Y METODOLOGIA OPERATIVA

LOPEZ LOPEZ, VICTOR MANUEL / Escritor

Editorial: TRILLAS

yes
I want morebooks!

Buy your books fast and straightforward online - at one of world's fastest growing online book stores! Environmentally sound due to Print-on-Demand technologies.

Buy your books online at
www.morebooks.shop

¡Compre sus libros rápido y directo en internet, en una de las librerías en línea con mayor crecimiento en el mundo! Producción que protege el medio ambiente a través de las tecnologías de impresión bajo demanda.

Compre sus libros online en
www.morebooks.shop

DESARROLLO SUSTENTABLE

El desarrollo sustentable es importante para mejorar la calidad de vida, superar la pobreza, satisfacer las necesidades básicas humanas e igualar los ingresos, reducir el consumo de recursos naturales, disminuir la contaminación del aire y del agua, preservar la biodiversidad, prevenir una escasez que puede poner en riesgo la humanidad, preservar los recursos naturales para las generaciones futuras, así como promover la justicia social y la equidad.

En mi entorno como docente y facilitadora de que los estudiantes logren un aprendizaje significativo de conocimientos, considero que el desarrollo sostenible se asocia con un enfoque holístico que tiene en cuenta todo, desde la fabricación hasta la logística y el servicio al cliente. Ser ecológico y sostenible no solo es beneficioso para la empresa, sino que también maximiza los beneficios de un enfoque ambiental a largo plazo.

Actualmente me desempeño como maestra de Ciencias y desarrollo sustentable en escuelas de nivel medio superior y nivel superior respectivamente. Pertenezco a la red de educadores ambientales. Cuento con la carrera de Ingeniería Industrial y maestría en educación.

editorial académica española

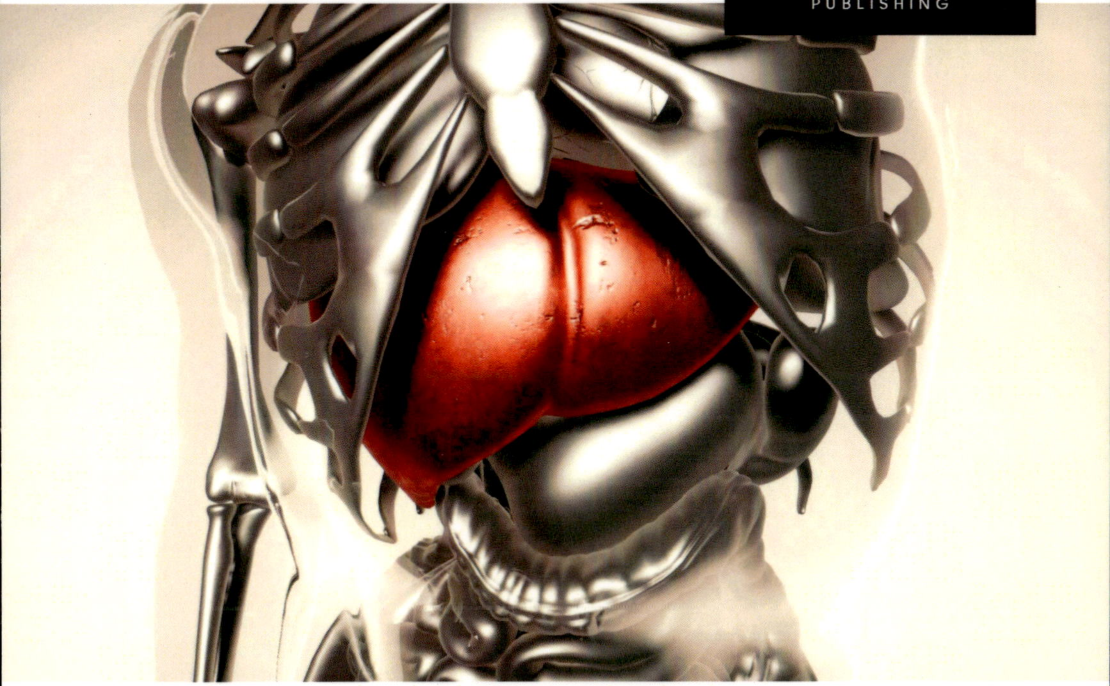

LIVER SYSTEM:

Its importance and treatment

ANA PATRICIA DE OLIVEIRA
JANAINA MAIA LIMA ROSAL
BRUNA DA SILVA SOUZA